メダカのきもち

丹野 薫
Tanno Kaoru

風詠社

◇目次◇

イラスト　丹野　薫

はじめに

メーダーカーの学校は、川の中、そーっとのぞいて見てごらん、そーっとのぞいて見てごらん、みんなでおゆうぎしているよ〜♫。と、メダカと言えば大抵このメダカの学校の歌が、頭の中をよぎってきます。あのかわいい集団が、川の中をスーィスーィ泳いでいる様子は誰が見ても、何ともほほえましい姿なのです。

海で大群で泳ぐイワシのように、みな、右へならえとばかりに集団で行動するものだと思っている人がほとんどでしょう。メダカにもそれぞれ個性があって、お互いに意識しあい、様子を伺いながら生活しているなんて、誰も想像すらすることはないと思います。

私が初めてメダカを飼い出したのは、メダカ達のかわいらしさと美しさに心が奪われたからでした。そして、まさか、こんな想像を絶するドロ沼の世界に入り込むとは、思いも寄らぬことでした。そんなメダカ達の世界を知ることで、メダカを飼う楽しみがさらに深まると思い、ここに書き留めていくことにしました。

第1章

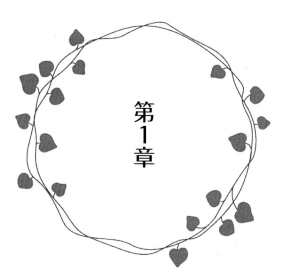

メダカとの出会い

私が初めてメダカと出会ったのは、ちょうどコロナで誰もが外出を控えていた頃の話です。

家の近くの商店街を歩いていると、ふと目に留まったのが、八百屋の片隅に、小さなビニール袋の中で、赤、青、白、黒と色とりどりのメダカが泳いでいる姿でした。七匹入って七百円と書いてありました。

それまで小学生の時、捨てられた子猫を拾ってきて飼った時以来、生き物らしい生き物を飼ったことがなく、犬や猫では、世話が大変なので、メダカぐらいなら、水槽一つあれば自由に泳ぐ姿を気楽に楽しめると思っていました。

　また、こんな小さなビニール袋から早く出してあげたいと、すぐに、百円均一の店へ走り、メダカ用の小さな水槽を買いました。カルキ抜きや、粉エサなど買い、いよいよメダカ生活のスタートでした。

毎日眺めるメダカ達。見れば見るほどいとおしくなっていきました。そこで、七匹だけでは寂しいと、数日後、小さなビニール袋に入れられたメダカ達が、まだ売れずに残っているだろうかと、ワクワクしながら行ってみると、なんと、もう一袋無造作に置かれ、残っていました。すぐに買って帰って十四匹の飼育が始まりました。

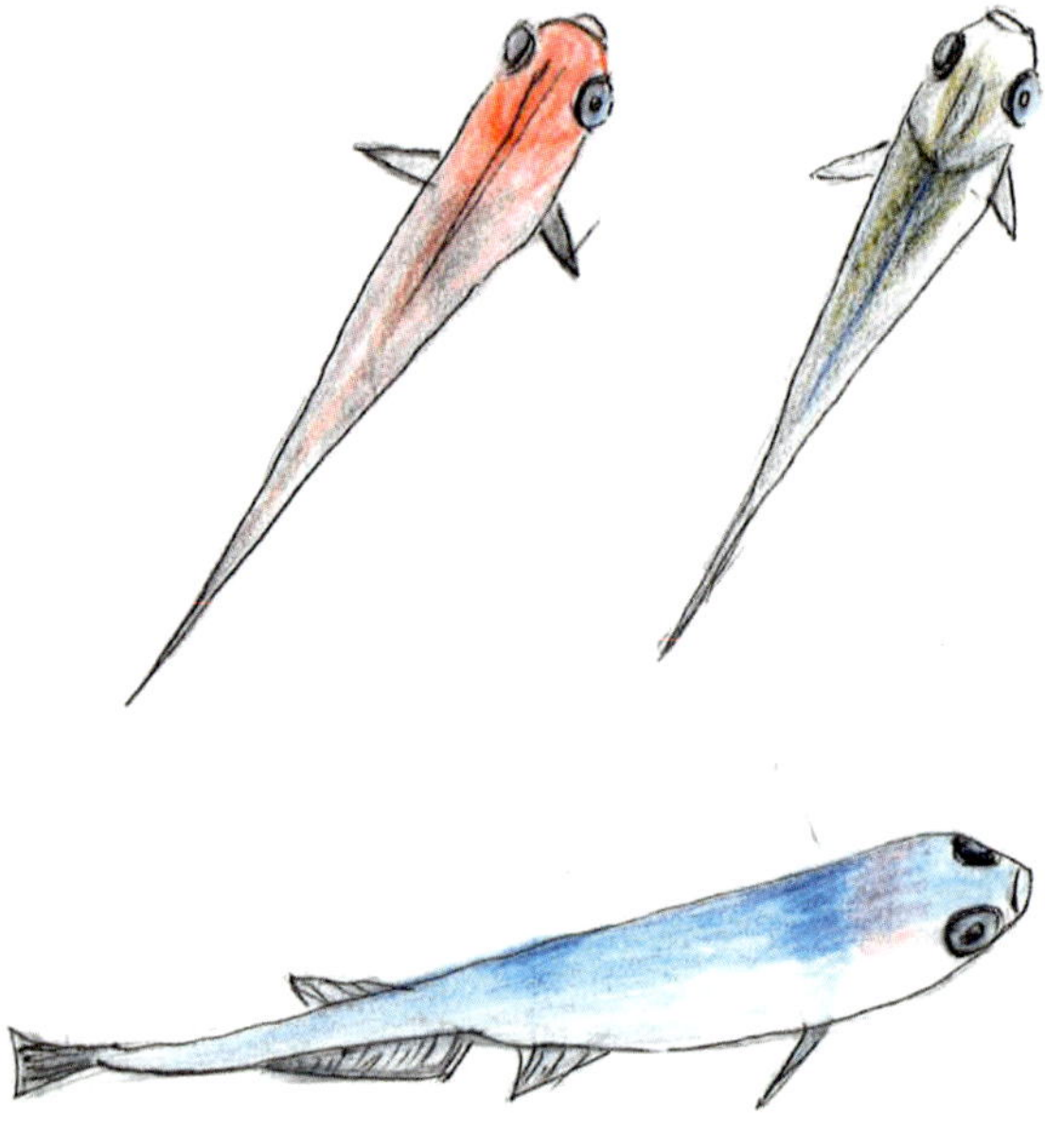

淡水魚のむずかしさ

私の住居はマンションの二階だから、外で飼うつもりは全くなく、室内飼育と初めから決めていました。

メダカの飼育に関する知識は全くなかったのですが、そんなに難しいはずはないと高を括っていたので、特に調べることもなく、単にエサさえ与えていれば大丈夫だと思っていました。

ところが、一週間、二週間と、日が過ぎるごとに、一匹、また一匹と亡くなっていくではありませんか。それもそのはず、残りのエサを取ることもせずそのままで、次のエサを与えるという、水の汚れや酸素のことを考えもしていなかったからなのです。そして、残り八匹になって、初めてなにが悪かったのか反省し、インターネットなどで、色々調べ、ようやく　水換えのこと、酸素のこと、エサのことなど考えるようになりました。

そして、遂に試行錯誤の末、今や針子が百匹、二百匹と誕生するまでになり、育てては、次々と貰い手をさがすのに、人伝であちこち奔走するまでとなりました。

第2章

個性

室内飼育を始めて三年。一つしかなかった水槽も、今では七槽にまで増えてしまいました。一時は九槽も並ぶことがありました。

友人に、

「そのうちメダカに占領されるよ」

と言われています。リビングの日当たりのよい所に並んでいます。夏になれば簾を立てかけて直射日光が当りすぎないようにし、出かける時は、クーラーをつけて、室温を調整しながらすごしています。

冬はマンション全室暖かいので、暖房は特に必要がないのですが、夜はリビングの窓際の冷たい空気がかからないようにと、断熱用のマットを窓際に立てかけています。

水換えにも特別な「育てるウォーター」を入れ、水草も少しでも弱れば新しい草と入れ換えるほど、至れり尽くせりの生活です。

そんな超過保護のメダカ達、自分達の個性がどんどん出始めています。

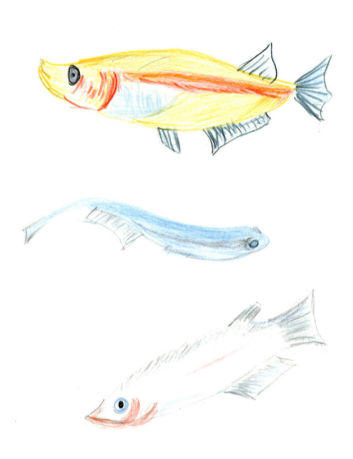

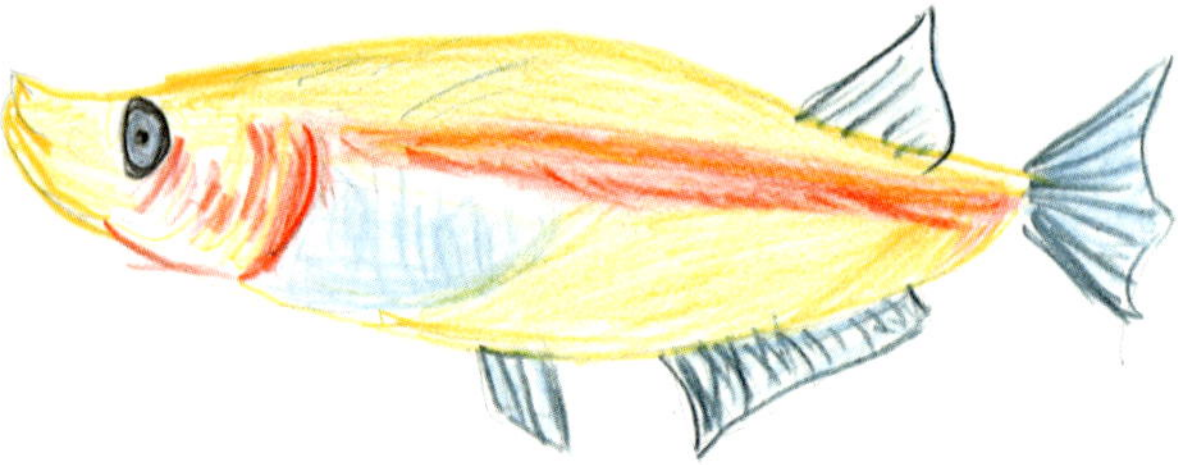

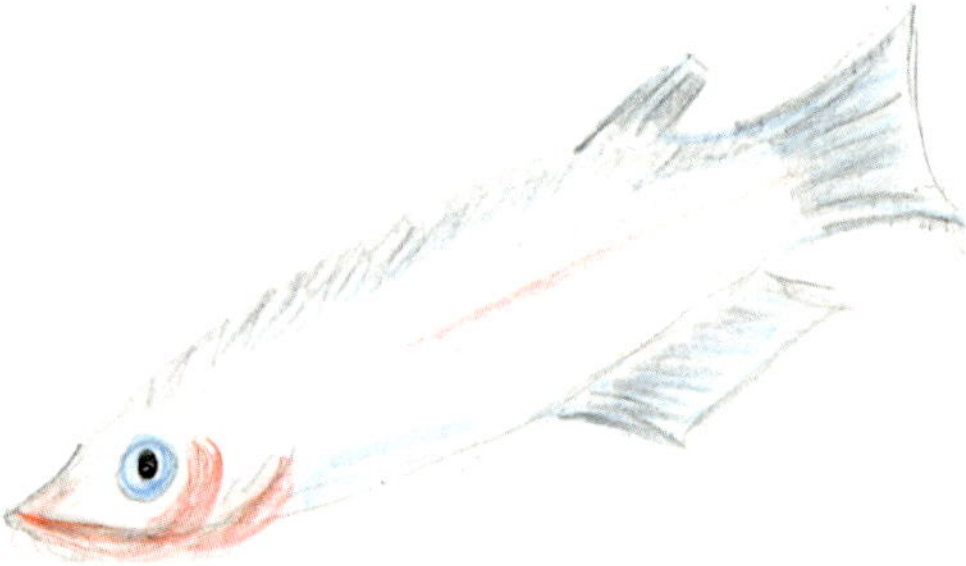

エサの闘争

エサを与えられると、互いに突っつき合うのは、生まれながらにして持った本能のようです。

生まれて間もない針子でさえ、まだ縄張りが確立されていないにも拘わらず、盛んに突っつき合いをしています。その様子は、体の大きさではなく、気の強さに関係しているようです。体が自分より大きくても、やられたらやり返す逞しい精神を持って戦っています。

そして、成長と共に、縄張りをしっかりと確立し、何が何でもそれを守ろうとする大人が現れてきます。普段は平和に泳いでいても、いざエサが入ると、急に荒々しく縄張り確保に必死に動き回り、少しでも自分のテリトリーを侵害されようものなら、凄まじい勢いで突っつきに行きます。弱いメダカは、慌てて去っていきますが、ある程度強いメダカは、何度も入っては、突っつかれて逃げ、入っては突っつかれて逃げをくり返しています。そして、突っつかれるメダカが多くなると、他のメダカを突っついている間に、こっそりとエサを食べる知恵も備わってきています。

特に強さの最たることは、産卵された卵を食べてしまうということです。ある日、卵を口につけたメダカが泳いでいるのを見ると、やはり、少しショックを受けてしまいました。それ以来、卵はできる限り、別の器に移すようにしています。

こうして、それぞれに、生存競争に打ち勝って生き残った者こそが、短いメダカの一生を最後まで泳ぎきっていくのです。

パワハラ

強い者が弱い者をいじめるのは、人間社会と同じ。体の大きい元気なメダカが、ある日、ちょっと弱そうなメダカを執拗に追いかけ回しているではありませんか。弱い子は、必死で逃げ回り、草の陰に隠れたりしているのですが、それでも見つかると、再び逃げ回っていました。何故、特定の子だけを追いかけ回すのか、理由はわかりません。最近でこそ、こういう時は、弱い子を別の水槽に避難させるようにしています。初めのころは何もせず、そ

郵便はがき

料金受取人払郵便

大阪北局
承　認

7000

差出有効期間
2026 年 10 月
31日まで
（切手不要）

5 5 3 8 7 9 0

018

大阪市福島区海老江5-2-2-710

㈱風詠社

愛読者カード係 行

ふりがな お名前			大正　昭和 平成　令和　　年生　　歳	
ふりがな ご住所	□□□-□□□□		性別 男・女	
お電話 番　号		ご職業		
E-mail				
書　名				
お買上 書　店	都道 府県　　市区 郡	書店名	書店	
		ご購入日	年　月　日	

本書をお買い求めになった動機は？
1. 書店店頭で見て　2. インターネット書店で見て
3. 知人にすすめられて　4. ホームページを見て
5. 広告、記事（新聞、雑誌、ポスター等）を見て（新聞、雑誌名　　）

風詠社の本をお買い求めいただき誠にありがとうございます。
この愛読者カードは小社出版の企画等に役立たせていただきます。

本書についてのご意見、ご感想をお聞かせください。
①内容について

②カバー、タイトル、帯について

弊社、及び弊社刊行物に対するご意見、ご感想をお聞かせください。

最近読んでおもしろかった本やこれから読んでみたい本をお教えください。

ご自分でも出版してみたいというお気持ちはありますか。

ある　　ない　　内容・テーマ（　　　　　　　　　　）

出版についてのご相談（ご質問等）を希望されますか。

する　　しない

ご協力ありがとうございました。

※お客様の個人情報は、小社からの連絡のみに使用します。社外に提供することは一切ありません。

のままにしていると、ある日、逃げ回っていたメダカが草の上でじっとしているので、どうしたのかなとその草を動かすと、身動きせず静かに沈んでいきました。きっと疲れ果てたかのようで、とてもかわいそうなことをしてしまったと後悔しました。それ以後は、できるだけ、早期発見、早期避難をさせるようになりました。

人間社会でも、パワハラに疲れて、自殺に追い込まれた話があります。自分で立ち向かいきれない時は、まわりの助けを借りてでも、自分の命を大切にしてほしいと痛切に感じる今日この頃です。

ストーカー・壁ドン

動物の世界で最も大切なのが子孫繁栄。メダカの繁殖力は大変強く、繁殖期になると、毎日メスのお腹に卵がびっしり。とはいうものの、メスであればみな卵をかかえるかというと、そうではありません。これも、人間と同じ。やはり相性があります。

中でも、いつも卵をつけるメスは、たいてい大きな体で、オスも寄り添いやすいようです。

しかし、それに至るまでには、オスの涙ぐましい努力が必要です。

まずは、求愛行動で、一生懸命メスの前でくるくる身体を回転させるのです。この求愛行動で、メスのＯＫが出れば見事結ばれます。ところが、いくら回転しても、相手にしてもらえず、外方を向かれることも多いのです。ここで、大抵のオスは諦めるのですが、どうしてもこの子でなきゃダメだという思いが強くなると、どこまでも追いかけていきます。メスがどんなに逃げても、追いかけていきます。メスの後をついてまわるのは、まるでストーカーのようです。

そんな時ある日、ちょっと小柄なメスが壁伝いに泳いでいると、そのメスより大きいオスが覆い被さるようにメスにアタックしていました。逃げても逃げても、壁に押しつけて、世に言う「壁ドン」の光景でした。この小柄なメスをよほど気に入ったのか、最後まで追いつめるオスの執着心に、ただ脱帽の思いでした。

その後、か弱きメスは、
ちゃんと受け入れたよう
で、しばらく耐えた後、
静かに離れていきました

三角関係

オスとメスの繁殖期には、様々な驚きがあります。ある朝、水槽の上からそっと覗いて見ていると、二匹のオスとメスが仲良く合体しているのです。ところが、何とその二匹の間に何度も割って入ろうとしているもう一匹がいる現場を見てしまいました。これには、まるで三角関係の修羅場を見ているようでした。

この間に割って入ろうとしたのが、オスかメスかは定かではなかったのですが、まるでドラマを見ている気分になりました。人間ならば、殺傷事件にでもなりかねない恐ろしい光景でした。しかし、メダカの世界。その後、この三匹は、何事もなかったかのように、いつもと変わらず、それぞれに悠々と泳いでいきました。平和だなー。

障　害

何十匹何百匹も生まれる針子。メダカ達の種の保存は、先天的に備わっているのでしょうが、孵化した針子達が、全部が全部育つことはありません。どんなに環境に気を配っても、次第に数が減っていきます。

食の細い子、いつも水槽の底の方に沈んでいる子、ショックに弱い子、など、やはり逞しさに欠ける子は、知らず知らず消えて行ってしまいます。

そんな中でも、障害を持った子で、大変逞しい子に出会うことがありました。

水槽の中をじっくり観察していると、泳ぎ方がやたらぎこちない子がいるではありませんか。他の子より体の横揺れが大きく、どう見てもスムーズに泳ぐことができていません。背骨が少し曲がった子や、片目が真っ黒で見えてないのかなと思われる子もいたのです。

ある時、水槽の縁から、一生懸命口をパクパクさせている子を見つけました。エサが欲しいのかなと思い、エサを入れるのですが、ほとんど口にせず、ただ垂直に浮いているのです。不思議に思い、よく見ると背骨が反っていて、まるでタツノオトシゴのような動きをしていました。水平に泳げないせいか、必死に尾ひれを動かして立ち泳ぎをしているかのようでした。何としても泳ぎたい、生きたいという思いが伝わってくるのです。

このように、何らかの障害を抱えながらも、それぞれに他のメダカ達と同じように、水槽の中を泳ぎ回っている様子に、心の中でいつも「ガンバレ」と叫んでしまいます。悲しいことに、元気な子に比べると、早くこの世を去ってしまいますが、よくここまで生きてきたねと、最後に手厚く葬ってやります。

仲間割れ

私の育てたメダカは、出発点が、赤い楊貴妃、水色に光り輝く幹之、他、クロメダカ、アオメダカ、ヒメダカなので、その交配種は、様々な色で生まれています。だから、現在泳いでいるメダカ達も、色々な遺伝子を持つので、生まれた子供達は、みな色が違っています。同じ色はほとんどなく、だからこそそれぞれの個性も、見分け安くなっています。

その中で、生まれ育ってきた一つの水槽に黒系と赤系のメダカが各三匹いました。が、黒系は黒系、赤系は赤系と近づいて泳いでいるのです。ちゃんと、同じ仲間と理解しているかのようです。そして、その黒系はやや体が大きく強そうで、赤系はやや体が小さかったので、三匹ずつ寄り添うように過ごしていました。しかし、その黒系のオスの一匹がやや強引で、赤系の弱いオスを追いかけ回していたので、このまま見過ごすわけにもいかず、赤系のメス二匹、オス一匹を別の水槽に移すことにしました。

同じように生まれ、同じように育っても、このように自然と似た者同志が集まり、違った色の仲間をいじめることもあるのだなと感じました。黒系の水槽には、他のメダカもいましたが、次第に数も減り、黒系三匹のみになった時、あの隔離した赤系を、思い切って同じ水槽に戻してみました。初めは、少々追いかけたりもしていましたが、たった三匹になった寂しさも相俟ってか、そのうち六匹で仲良く泳ぐことができるようになりました。

勿論、産卵もできるようになりました。メデタシ、メデタシ。

集団行動

我が家の水槽のように、こぢんまりした水槽では、みんな勝手気儘に泳ぎ回っているのが常日頃ですが、その中で、ケンカが勃発すると、なかなか仲良くはなれないようです。

そんな時、水換えなどで、水槽の中が急に慌ただしくなり、逃げ惑わなければならなくなった時、次々とすくい取り上げられる恐怖に必死に戦っています。だから、こんな時こそ、お互いに防衛反応が出て、一緒に逃げ回っているのです。

さっきまで、あれだけのケンカしていた仲間とも、仲良く集団で、自分達の身を守ろうと必死に泳いでいるのです。

この時ばかりは、イワシの群れを思い出さずにはいられません。

そして、新しくなった水槽に戻された時は、初めこそみんな、また隠れようとしていますが、そのうち安全だと分かった時は、再び平和な世界に戻り安心して泳ぎ始めています。これをきっかけに、ケンカが収まる子もいれば、思い出したかのように再び追いかけ回っている子もいます。

あの集団行動はどこへやら・・・・。

友情

私の飼育方法は、室内なので、昼間はともかく、夜になると、リビングの明かりが煌々としているので、光りに合わせて泳いでいるメダカ達が睡眠不足になってはと、夏は七時頃、冬は五〜六時頃には水槽に覆いをして暗くしています。できるだけ自然の光りに合わせるつもりでいるので、朝も夏は六時には覆いを取って光りを入れてやります。

この習慣が身についたのか、夜は六時過ぎには、自然と草の影に隠れて眠りにつくようです。だから、朝までぐっすり眠ったメダカ達、覆いを取ると、底の方から一匹、一匹と泳ぎ上がってきます。そして、「オイ、朝だよ」と言わんばかりに、次々と起こされてきます。

光りに反応して泳ぎ始めているのでしょうが、友達を起こしている友情があるのかなと。そうだったら、なんと素晴らしい世界なのかと、勝手に思い込んで、勝手に感動しています。

第3章

別れ　その一

生き物には必ず訪れる死。

メダカは、大量に産卵しますが、弱い者は次々と亡くなっていくので、他のペット程、死に対する恐怖や悲しみは少ないかもしれませんが、それでも、数がどんどん減っていく寂しさは、尽きるものではありません。

一年間、繁殖期には毎日毎日せっせと卵を産み、たくさんの子孫を残した大きなメスが、だんだんと卵をつけなくなり、さらに、エサに一目散に食いついていた元気もなくなり、次第に水槽の底の方でじっとしだした時は、やがて訪れる覚悟をしなければならないようです。そして、ある日、静かに水草の陰でひっそりと眠りに落ちるのです。

こうして、大きな仕事をやり終えたメスの功績は、偉大なこととして、次世代のメダカ達にも受け継がれていってほしいと願って止みません。お疲れ様、そして、ありがとう。

別れ　その2

大きな仕事をして、人生を全うするメダカは、ほんの一握りで、大半は、その途中なんらかの原因で息途絶えていくことが多いようです。昨日まで元気に泳いでいたのに、今朝見ると、沈んでいたということもあります。また、だんだんからだが痩せ細り、頭ばかりが目立ち出すと、これも、いよいよ老化の現れかなと思います。

こうして、水槽の底で息絶えたメダカに、興味津々で覗き込むメダカがいます。また、大丈夫か?と言わんばかりに、心配そうに寄り添っているメダカもいます。

人間のような感情はないにせよ、死に対する思いは、なにかしら持っているのではないかなと感じています。

いや、そうあってほしいという気持ち、願いです。

別れ　その3

繁殖期に、日に何十個もの卵も集め、そして孵化させる楽しみは、水槽を掃除する楽しみにもつながっています。

ホテイアオイの根に生み付けた卵をそっと集め、今日は何個、今日は何個と数えながら容器に入れ、毎日毎日指折り数えながら、ひたすら孵化するのを待ちます。そして、一〜二週間もすれば、次々と針子が誕生してくるのです。卵が動いたなと思ったら、突然小さな尾ひれを靡かせながら、フワッと浮いてくるのです。まだ泳ぎが苦手な子は、一度卵のそばへ戻って休んでいますが、すぐに、僕はもう大丈夫と言わんばかりに、再び泳ぎ始めるのです。まるで埃ではないのかと思われるぐらい小さな針子が、一生懸命泳ぎ始めた時には、小さなメダカの生命力に、改めて感動せずにはいられません。

こうして、瞬く間に増えた針子達も大きくなるにつれて、他の水槽に入れたりして、育ちやすい環境を整えてやります。さらに、稚魚として、しっかりした体になると、いよいよ、次の貰い手を探していきます。

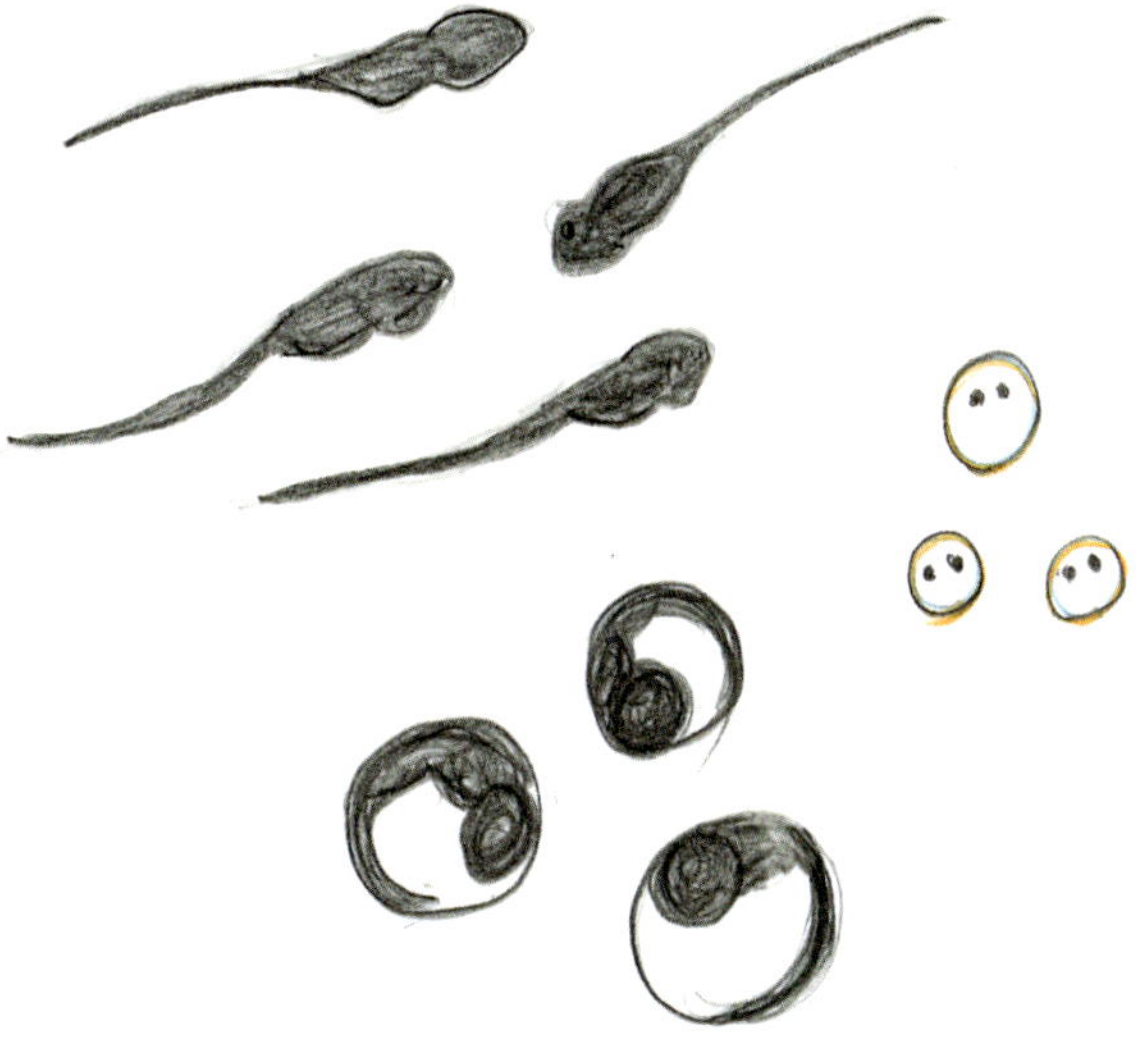

手塩に掛けた稚魚達。一生懸命泳ぎ、どんどん成長していくことを楽しみにしていますが、やがて次の飼い主の所へもらわれて行くのです。頑張って育ってよ!! 大きくなるんだよ!!と、わが子の旅立ちを見送っている私には、期待と不安と寂しさが入り混じっています。どのペットにも共通する感情ですが、こんな小さなメダカにも、こんな気持ちが湧くなど、想像すらしなかったことです。

たかがメダカ、されどめだか。

愛しのメダカ。

あとがき

　どんな小さな生き物にも、命があり、そしていずれは死に行く運命をしっかりと受け止めながら、私達人間も力強く生き抜いていかなければならないとの思いを新たにすることができました。

　保護猫、保護犬の様々な問題も人間がもたらした悲劇の一つでしょうが、保護されて新しい人生を掴んだ動物達の幸福の裏には、悲しい結末の動物達もたくさんいることを忘れないようにしたいです。

人間のわがままに翻弄されることなく、すべてのペット達が、命を全うするまで、幸福を掴んでいってほしいと願うばかりです。

こうして、生物学的にも、全く無知な私が、ただひたすらメダカ達と向き合い、メダカに本当に気持ちがあるかどうかは、生物学者に聞いてみなければわかりませんが、少なくとも、毎日の生活の関わりの中で、メダカに気持ちがあるかのような行動を見て、よりメダカに愛着を持ち、楽しませてくれることが、日々の暮らしを豊かにし、心にやさしさをもたらしてくれるのは、確かです。

小さな命の存在を温かく見守り、改めて自然界全ての命を尊重して生きていきたいです。

どんな小さな命も、大きな宝物です。

丹野　薫（たんの かおる）

昭和25年　千葉県四街道にて3姉妹の末っ子で誕生
昭和27年　2歳より神戸在住
昭和48年　広島大学教育学部体育専攻科卒業
　　　　　神戸市立中学校教員
　　　　　陸上部顧問として熱心に指導
　　　　　兵庫県優秀指導者賞、近畿春日賞受賞
　　　　　（全日本中学校陸上選手権大会3回優勝）
　　　　　河野謙三章受賞
昭和62年　母親のガン闘病記録「ガンと闘って」を執筆
平成23年　退職後も支援員として令和5年まで教育活動従事
平成28年～令和3年　民生委員

メダカのきもち

2024年12月25日　第1刷発行

著　者　　丹野　薫

発行人　　大杉　剛
発行所　　株式会社 風詠社
　　　　　〒553-0001 大阪市福島区海老江5-2-2 大拓ビル5 - 7階
　　　　　TEL 06（6136）8657　https://fueisha.com/
発売元　　株式会社 星雲社（共同出版社・流通責任出版社）
　　　　　〒112-0005 東京都文京区水道1-3-30
　　　　　TEL 03（3868）3275
装　幀　　2DAY
印刷・製本　小野高速印刷株式会社

ISBN978-4-434-35268-3 C0077